# 濒危动物

## 涂色书

克雷格·诺顿 图/文 时坤 译

中国水利水电出版社
www.waterpub.com.cn
·北京·

# 目 录

海 狮　　苏门答腊猩猩　　金枪鱼　　食猿雕　　火山兔

奥氏角雉　　印第安纳蝠　　玳 瑁　　蓝 鲸　　红 狼

野骆驼　　恒河鳄　　爪哇犀　　捻角山羊　　苏门答腊虎

非洲野驴　　阿鲁巴岛响尾蛇　　黑猩猩　　加州神鹫　　赛加羚羊

| | | | | |
|---|---|---|---|---|
| 非洲野狗 | 蓝喉金刚鹦鹉 | 无沟双髻鲨 | 鸮鹦鹉 | 北极熊 |
| 野生水牛 | 非洲巨蛙 | 东北豹 | 大熊猫 | 中南大羚（苏拉） |
| 象牙喙啄木鸟 | 环尾狐猴 | 海鬣蜥 | 加拉帕戈斯象龟 | 罗氏长颈鹿 |
| 竖冠企鹅 | 格雷维斑马 | 马来熊 | 印度象 | 马来貘 |
| 非洲狮 | 眼镜王蛇 | 巨食蚁兽 | 亚洲猎豹 | 山地大猩猩 |

# 序言

亲爱的读者：

　　我创作这本涂色书是为了向大家展示一些动物，在这个世界上它们正面临着被灭绝的威胁，希望这本涂色书能引起大家的重视。这本书既包括我们熟知的一些濒危动物，也包括一些你们或许从未听说过，但也同样值得我们去保护的动物，如火山兔、马来貘等。

　　当如秃鹰和灰熊这类濒临灭绝的动物受到人类关注时，人类就会努力地去拯救它们，让它们脱离濒危状态。如果我们能集中力量为它们做一些力所能及的事情，或许对许多物种而言，还为时不晚。

　　带着这种想法，巴伦教育出版社和我做出决定：每卖出一本画册，我们就向国际爱护动物基金会（IFAW）做一笔捐赠。IFAW是一个优秀的国际组织，他们为保护动物及其赖以生存的栖息地而努力，他们正通过一步一步的努力为这个世界带来改变，所以如果你买了这本书，相当于你也有所贡献。

　　同时我希望，这本涂色书可以为大家提供一种丰富的充满创意的表达渠道，你们可以将印度象涂成紫色，或将在全世界仅有60头的爪哇犀牛涂成充满创意的蒲公英黄色，再以篝火红和少量橙色使其丰满。所以，为了这个世界的美好，请尽情发挥你们的想象力和才华吧！

　　我亲手勾画了这本书中的每一个物种，没有借助电脑科技，用圆珠笔在白色硬纸板上不断作画，每个物种平均花费了12～15个小时来完成。我对我所热爱的事业倾尽全力，也希望你们能够感受到我的努力。

　　再一次对您能购买这本涂色书表达我真诚的谢意！

克雷格·诺顿

## 国际爱护动物基金会

　　国际爱护动物基金会（IFAW）成立于1969年，致力于拯救和保护世界上现存的动物。基金会在全世界40多个国家拥有自己独立的项目，致力于拯救动物，阻止对动物的虐待，倡导保护野生动物及其赖以生存的栖息地。若想了解更多信息，请访问其网站：www.ifaw.org.

图片请翻上页

# 海 狮

*(Zalophus californianus)*

**现状：** 濒危。

**种群：** 世界上有 7 种海狮，它们分别是以下几种。

- 加利福尼亚海狮——人们最熟知的一种海狮。

- 北海狮——世界上体型最大的海狮物种，一头雄性北海狮可长达 3.4 米，重 1134 千克。

- 澳大利亚海狮——雄性个体全身均为深棕色，头部周围有一缕浅黄色的鬃毛。

- 加拉帕戈斯群岛海狮——体型非常大，一头成年雄性个体体重可达 454 千克。

- 新西兰海狮——也被称作虎克海狮，是在新西兰发现的最大动物之一。

- 南美海狮——又称南海狮，但很少能听人谈起或在书本上看到这一海狮种类的介绍。

- 日本海狮——已经灭绝，你已经无法亲眼在这个世界上看到它，只能通过图书、图片或网络看到日本海狮。

**体重 / 体长：** 一头雄性海狮的平均重量约 300 千克，长约 2.4 米；一头雌性海狮的平均重量约 100 千克，长约 1.8 米。

**栖息地：** 海狮在世界上的分布范围很广，它们既可以在陆地上生活，又可以在海洋里生活。

**寿命：** 20 ~ 30 年。

**食物：** 海狮是食肉动物，鱼是它们的主要食物来源。

**致危原因：** 海狮的天敌有 3 类，分别为虎鲸、鲨鱼和人类；在一些区域，海狮作为一种食物而遭到捕杀；人类对海洋生态系统的破坏也直接影响其生存环境；此外，全球变暖也影响着海狮的生活环境。

图片请翻上页

# 苏门答腊猩猩

*(Pongo abelli)*

**现状：** 极危。

**种群：** 世界上有 2 种猩猩，它们均被认为是从婆罗洲猩猩进化而来的。猩猩这个名字来源于马来语，寓意为"丛林中的人类"。

苏门答腊猩猩仅存活于印度尼西亚的苏门答腊岛上。苏门答腊猩猩面部毛发较长，毛色微红。截至 2015 年，世界上仅存约 7000 只苏门答腊猩猩。

**体重 / 体长：** 平均而言，雄性个体可以长到 1.4 米高，重 90 千克；雌性个体可以长到 0.9 米高，重 45 千克。

**栖息地：** 苏门答腊猩猩喜欢树木繁茂的森林，它们大部分时间都在树上度过，极少见到它们在地上活动。相对而言，雄性个体比雌性个体离开树干到地上活动的时间稍长。它们一定程度上能忍受栖息地被干扰。另外，它们对较大范围内植物种子的传播扩散起到了至关重要的作用，如果这个世界上没有了猩猩，许多树种也将灭绝。猩猩用大树叶做伞避雨。

**寿命：** 30 ~ 40 年。

**食物：** 喜食水果，钟爱无花果和菠萝蜜，也吃鸟蛋、树皮和昆虫。

**致危原因：** 石油公司为了提炼棕榈油以增加收入，大量砍伐森林，种植棕榈树，破坏了苏门答腊猩猩的栖息地。另外，偷猎也是大猩猩濒危的原因之一，人们将把它们饲养在家中作为身份的象征。

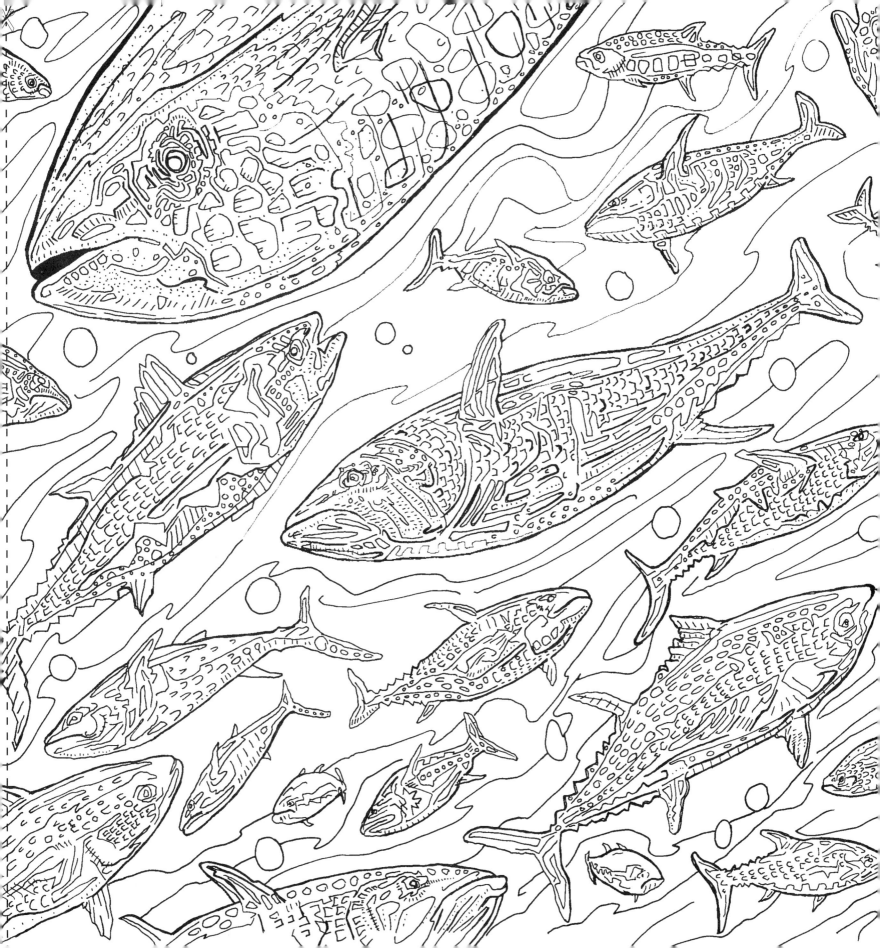

图片请翻上页

# 金枪鱼

*(Thunnus thynnus)*

**现状:** 濒危。

**种群:** 世界上最大、最快、拥有最华丽色彩的鱼类之一,身体背部呈金属蓝色,腹部为闪亮的银白色(这是一种保护色,让其不易被处在上面和下面的捕食者发现)。世界上有以下 4 种金枪鱼。

- 大西洋金枪鱼——体型最大,也是最濒危的金枪鱼物种,生活在大西洋的西部、东部以及地中海海域。

- 太平洋金枪鱼——分布在太平洋北部的广阔海域和南部的局部区域。

- 南方蓝鳍金枪鱼——生活在开阔的南半球海域。

- 长尾金枪鱼——在西太平洋海域生活。

**体重 / 体长:** 长 1.98 米,重 250 千克,世界上记录在册的最大的金枪鱼重 678.5 千克。

**栖息地:** 海洋。

**寿命:** 15 年。

**食物:** 主要以沙丁鱼、鲱鱼、鲭鱼、鱿鱼等小型鱼类和甲壳类动物为食物。

**致危原因:** 商业化捕鱼使其种群数量急剧减少。

图片请翻上页

# 食猿雕

*(Pithecophaga jefferyi)*

**现状：** 极危。

**种群：** 截至 2015 年，在野外约有 600 只食猿雕。

**有趣的故事：**

- 食猿雕是世界上体型最大的鹰类。

- 1 对雕夫妇每隔 1 年才能孕育出 1 只小雕，每窝仅产 1 枚卵，哺育 1 只幼鸟要花 2 年时间。

- 灰蓝色的眼睛，长而尖的鹰冠，上喙弧形突垂。

- 鹰哨响亮尖锐。

**体重 / 体长：** 翼展长度 2.1 米，平均重量 6.35 千克。

**栖息地：** 菲律宾的热带雨林。

**寿命：** 30 ~ 60 年。

**食物：** 喜欢捕食猴子，尤其是猕猴。

**致危原因：** 生活环境被破坏和污染，以及人类的捕猎都是食猿雕致危的原因。20 世纪 70 年代以来，菲律宾已有约 80% 的热带雨林消失，食猿雕的食物来源也越来越多地受到农药污染。

图片请翻上页

# 火山兔

*(Romerolagus diazi)*

**现状：** 濒危。

**种群：** 约有 1200 只火山兔。

**体重：** 390 ~ 600 克。

**栖息地：** 生活在墨西哥市南部四座火山群的斜坡上，它们喜欢高大茂密的灌丛、茂盛的植被和松树林。

**寿命：** 7 ~ 9 年。

**食物：** 草是它们在雨季时的主要食物；在旱季，它们以木本植物如灌木和小乔木作为主要食物来源。

**有趣的故事：**

- 毛皮颜色帮助它们藏匿于火山土壤中。

- 火山兔是世界上第二小的兔子，长约 32 厘米。侏儒兔是世界上最小的兔子。

- 不同于其他兔子用跺脚来警告危险，火山兔会发出超高声调的警告声。

- 在黎明破晓时最活跃。

- 人类将火山兔视为害兽而加以驱逐杀光。

**致危原因：** 因过度砍伐导致栖息地面积急剧缩小，大面积割草、放牧、高速公路的延伸和森林火灾都给火山兔的生存带来了很大的困扰。

图片请翻上页

# 奥氏角雉

*(Tympanuchus cupido attwateri)*

**现状：** 濒危。

**种群：** 1900 年，世界上有超过 100 万只奥氏角雉；而到 1999 年，世界上只剩下不到 50 只。

**体重：** 680 ~ 900 克。

**栖息地：** 分布于沿海草原上的短草区域，以及在德克萨斯州沿海海岸有两片面积很小的孤立区域。

**寿命：** 野生奥氏角雉寿命是 2 ~ 3 年；笼养奥氏角雉寿命是 6 ~ 10 年。

**食物：** 食物种类多样，包括大量的昆虫、水果、花卉、种子和嫩枝。

**有趣的故事：**

- 每年春季，雄性角雉会聚集到一起表演复杂的求偶仪式，那时它们的黄色气囊会膨胀变大，并在草原上发出一种非常响亮的声音。它们还会竖起尾巴跳舞、跺脚，这种舞蹈形式被认为是在草原上生活的印第安土著居民舞蹈的起源。

**致危原因：** 栖息地丧失。如今仅存不到原面积 1% 的原始栖息地，还有来自隼、老鹰、猫头鹰、土狼、浣熊和蛇的威胁。

图片请翻上页

# 印第安纳蝠

*(Myotis sodalis)*

**现状：** 濒危。

**种群：** 2009 年约有 38.7 万只印第安纳蝠（据悉，在过去 10 年间，它们的种群数量已经减少了一半以上）。

**体重：** 约 7.8 克。

**栖息地：** 分布于美国的东半部大部分区域，约一半的种群在印第安纳州南部的洞穴中过冬。洞穴必须湿润、凉爽，温度恒定在 0℃以上、10℃以下，能够满足这些条件的洞穴并不是很多。一些印第安纳蝠夏季在废弃的矿洞里生存，它们栖息在剥皮树干上或在石灰岩洞穴中。

**寿命：** 野生印第安纳蝠寿命是 5 ~ 10 年。

**食物：** 河流和湖泊附近飞行的昆虫，如蚊子、甲虫、飞蛾等。每天晚上，它们可以吃相当于自己身体重量一半的昆虫。

**有趣的故事：**

- 冬眠之前的秋季进行交配，雌性个体将精子存储在体内过冬，在从洞穴冬眠觉醒后的春季受精。

**致危原因：** 大量的印第安纳蝠在狭小、有选择的洞穴中冬眠，这使得它们极易受到干扰。洞穴逐渐被商业化、夏季栖息地的丧失、农药、杀虫剂和白鼻综合症都威胁着它们的生存。

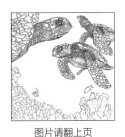

图片请翻上页

# 玳 瑁

*(Eretmochelys imbricata)*

**现状：** 极危。

**种群：** 估计在 2 万 ~ 2.3 万只之间。

**体重：** 45 ~ 73 千克。

**栖息地：** 分布于大西洋、太平洋和印度洋的热带水域；玳瑁喜欢在海岸线附近活动而非在深水区域，喜欢有丰富的海绵状海草附着的珊瑚礁。

**寿命：** 30 ~ 50 年。

**食物：** 包括各类软体动物，鱼、水母、海藻和虾。

**有趣的故事：**

- 玳瑁吻部前端呈尖锐状，像鸟喙。

- 年轻的玳瑁无法深度潜水，享受在海水表面漂浮的悠闲时光，那里富有海草。

- 龟壳可保护它们不被大多数的捕食者猎杀，但是却无法阻挡鲨鱼、章鱼和鳄鱼的攻击。

- 玳瑁在觅食点、繁殖区与筑巢区之间迁移距离非常长。

- 玳瑁被认为是可以发光的生物。

**致危原因：** 仍有不少人类食用玳瑁蛋和玳瑁肉，并用它们的龟壳做装饰品，这是它们致危的主要原因；另一方面它们也常被捕鱼网意外捕捉。

图片请翻上页

# 蓝 鲸

*(Balaenoptera musculus)*

**现状：**濒危。

**种群：**估计种群数量在 1 万 ~ 2.5 万只之间。

**体重 / 体长：**重达 200 吨，像 3 辆校车一样长。

**栖息地：**分布在世界上的每一片海洋。

**寿命：**80 ~ 90 年。

**食物：**食肉动物，以一种叫磷虾的动物为主要食物来源，一只蓝鲸每天可捕食约 4 吨的磷虾。

**有趣的故事：**

- 幼鲸出生前在母体子宫里生长约一年时间，出生时就重达 3 吨。

- 处于哺乳期的蓝鲸每天可分泌约 189 升的乳汁。

- 一只蓝鲸的喷水孔喷水的高度可达到 9.144 米。

- 蓝鲸是世界上迄今为止最大的动物。

- 一只蓝鲸的舌头重如一头大象，心脏重如一辆汽车。

- 冬季沿着赤道迁移。

- 蓝鲸的听力很好，可听到 1609 米远的声音。

- 它可在嘴中储存 90 吨的水却无法吞咽一个沙滩球大小的物品。

- 幼体每天可饮 378 升牛奶，每天可增重 90.5 千克。

**致危原因：**20 世纪初，为制作油灯收集鲸脂而对蓝鲸开展的大肆猎杀，几乎导致其种群的灭绝，在 20 世纪 60 年代中期约 35 万头蓝鲸被屠杀。另外，大型船舶碰撞蓝鲸也易导致其死亡。

图片请翻上页

# 红 狼

*(Canis rufus)*

**现状：** 极危。

**种群：** 现在约 50 只野生红狼，200 只圈养红狼。

**体重：** 22 ~ 36 千克。

**栖息地：** 现分布于加利福尼亚东北地区，但原分布区为整个美国东南部。

**寿命：** 野生环境下能存活 5 ~ 6 年，圈养条件下可存活达 14 年。

**食物：** 以浣熊和兔子等小型动物为主要食物，偶尔也以鹿、浆果和昆虫为食。

**有趣的故事：**

- 是灰狼近亲，体型较小，但大于郊狼。

- 喜夜间活动。

- 以气味标记领地，可发出狼嚎，通过表情及肢体语言表达情绪。

- 通常单独捕猎，偶见小群。

- 终生一夫一妻制。

- 巢穴常建于树洞、沙丘，以及溪流岸边。

**致危原因：** 农垦地的过度开发导致丛林栖息地丧失；反复的气候变化使红狼难以应对；人类认为红狼对家畜和狩猎动物有威胁，常与之发生冲突；由于剩余数量较少，红狼和郊狼的杂交也是致危因素之一。

图片请翻上页

# 野骆驼

*(Camelus ferus)*

**现状:** 极危。

**种群:** 少于 1000 头。

**体重:** 约 618 千克。

**栖息地:** 分布在中亚及东亚戈壁荒漠。

**寿命:** 最多 50 年。

**食物:** 以灌木和草为主要食物,甚至食用荆棘、干枯植物及多盐植物。

**有趣的故事:**

- 能适应极端气温,在夏季气温高达 38℃和冬季气温低至 −29℃的地区都能存活。

- 野骆驼为双峰驼。

- 其厚且蓬松的毛发在冬季起到保温作用,并在季节变换时脱落。

- 野骆驼极少出汗,以帮助它们在荒漠长期生存保存体液。

- 其鼻孔可以闭合以防沙尘。其足垫平大,以适应多石地面并防止陷入沙中。

- 野骆驼可以饮用咸水。

**致危原因:** 灰狼是其唯一天敌。除此之外,几乎所有野骆驼的威胁因素均来自于人类,人们为获取驼肉而捕杀野骆驼;人类的开发以及采矿也导致其栖息地丧失。

图片请翻上页

# 恒河鳄

*(Gavialis gangeticus)*

**现状:** 极危。

**种群:** 少于 235 条。

**体重:** 160 千克。

**栖息地:** 印度特有。居丁深且湍急的河流中，仅在晒日光和筑巢时离开河水。曾经广布于印度次大陆所有主要河流中。

**寿命:** 未知。

**食物:** 以鱼类为主，但年幼个体也取食昆虫和蛙类。

**有趣的故事:**

- 水生性最强的鳄鱼。

- 可以发出很大的嗡嗡声。

- 鼻部长且窄，牙齿连续呈剃刀状。拥有 100 ~ 110 颗牙齿，以适应以鱼类为主的食性。

- 它们在陆地上不爬行，仅仅通过推动身体前行，或用腹部滑行。

- 现存体型最长的鳄鱼之一。

**致危原因:** 人类为获取鳄鱼皮、为制作本土医药材料、获取鳄鱼蛋而过度捕杀恒河鳄；同时因栖息地丧失，人类过度捕捞恒河鳄的食物导致了它们的极危现状。

图片请翻上页

# 爪哇犀

*(Rhinoceros sondaicus)*

**现状：** 极危。

**种群：** 约 60 头。

**体重：** 900 ～ 2300 千克。

**栖息地：** 分布于印度尼西亚爪哇岛乌戎库隆半岛的热带雨林和密林。

**寿命：** 30 ～ 40 年。

**食物：** 草、嫩叶、嫩芽、嫩枝、坠落的果实等。

**有趣的故事：**

- 上唇尖，用于抓握并将食物送至嘴里。

- 从未被人工养殖。

- 拥有独角。

- 皮肤看起来像互相镶嵌的盔甲。

- 地球上体型最大的哺乳动物之一。

- 雄性个体通过遗留粪便以及喷洒尿液标记领地。

**致危原因：** 偷猎、近亲繁殖、疾病以及海啸和火山爆发等自然灾难是主要致危原因；曾是运动狩猎对象，也因对农作物有危害遭猎杀；其角被当作昂贵的商品。

图片请翻上页

# 捻角山羊

*(Capra falconeri)*

**现状：** 近危。

**种群：** 2500 只野生捻角山羊。

**体重：** 32 ~ 100 千克。

**栖息地：** 分布在山地；常生活在阿富汗东北部、巴基斯坦中部及乌兹别克斯坦南部的高海拔季风林地区。

**寿命：** 10 ~ 13 年。

**食物：** 喜食植物，包括草、果实、花和叶。

**有趣的故事：**

- 巴基斯坦的国兽。

- 民间认为捻角山羊能捕食蛇类。

- 雌雄个体都拥有开塞钻形的羊角，雄性的角能够长到 1.6 米长。

- 是雪豹的潜在猎物。

- 与家养山羊和绵羊有关联。

**致危原因：** 人类是主要原因。猎人为获得羊角而猎杀它们，狼、雪豹和猞猁同样也会捕食它们，以及自然栖息地的大量消失都是导致它们濒危的原因。

图片请翻上页

# 苏门答腊虎

*(Panthera tigris sumatrae)*

**现状:** 极危。

**种群:** 少于 400 只。

**体重:** 雄性 100 ~ 140 千克; 雌性 75 ~ 110 千克。

**栖息地:** 热带、常绿阔叶林、流水沼泽林及泥潭沼泽。

**寿命:** 15 ~ 20 年。

**食物:** 猴、鱼、家禽、野猪、梅花鹿、貘、甚至猩猩都是它的食物，偶尔也取食鼠类。

**有趣的故事:**

- 体型最小的虎亚种，毛发呈橙色并带有浓黑色条纹。

- 分布于印度尼西亚苏门答腊岛。

- 幼崽出生时没有视力，要在 10 天后才能视物。

- 一夜之间可以移动 32 公里。

**致危原因:** 林地退化及偷猎。78% 苏门答腊虎的死亡为偷猎导致，农民声称为保护家畜而猎杀老虎，随后将老虎卖给金店、纪念品商店以及药店。

图片请翻上页

# 非洲野驴

*(Equus africanus)*

**现状：** 极危。

**种群：** 约 570 只野生非洲野驴。

**体重：** 230 ~ 275 千克。

**栖息地：** 喜分布在山地及多石沙漠、草原地区。以群体方式零星分布在吉布提、埃塞俄比亚及索马里。

**寿命：** 圈养可达 40 年。

**食物：** 主要以草、树皮和树叶为食。

**有趣的故事：**

- 被认为是家驴的祖先之一。

- 拥有强悍的消化系统。

- 在失去占体重 30% 的水分时仍可存活，并且能够在 5 分钟内饮用足够的水替代流失的水分。

- 奔跑速度可达每小时 64 公里。

**致危原因：** 作为食物以及传统药物被猎杀；为圈养它们而展开过大量的捕捉活动；与家驴的杂交也是威胁之一；与家畜之间的草场竞争，以及因为农业开发而无法接近水源地也是威胁。

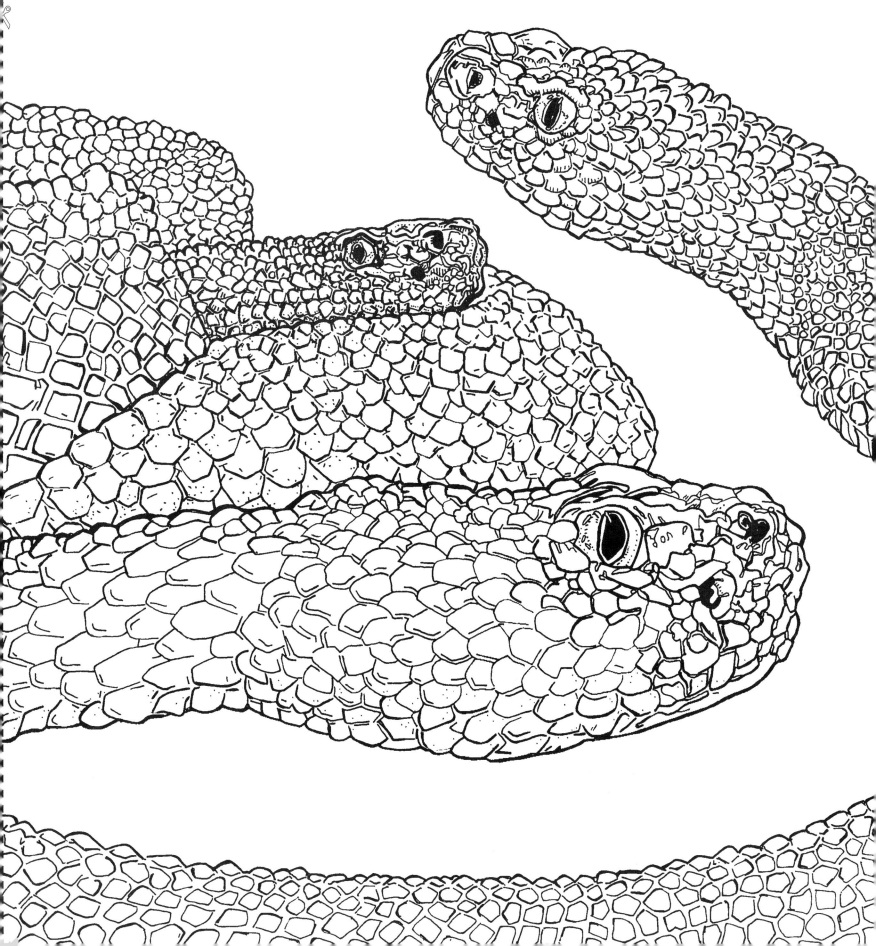

图片请翻上页

# 阿鲁巴岛响尾蛇

*(Crotalus durissus unicolor)*

**现状：**极危。

**种群：**野外阿鲁巴岛响尾蛇少于 235 条，圈养个体不到 100 条。

**体重：**0.8 ~ 1.4 千克。

**栖息地：**分布于委内瑞拉海岸和阿鲁巴岛，生活于该岛南部的荆棘丛和多岩石沙漠中。

**寿命：**15 ~ 20 年。

**食物：**小型鼠类、鸟类、蜥蜴、鞭尾蜥，偶尔捕食蝙蝠。

**有趣的故事：**

- 属于蝰蛇科。拥有中空的毒牙。当不使用时，毒牙向嘴上侧对折。

- 可能每年捕食次数极少。

- 响尾蛇直接产小蛇，而不是产卵。

- 全球最稀有的响尾蛇之一。

**致危原因：**阿鲁巴岛响尾蛇只在一个小岛上被发现过，而这座小岛目前仅有一小片区域没被干扰。从前岛上许多树木都是响尾蛇的隐蔽物，如今却被大量砍伐用作木炭和柴火。另外，岛上的山羊也会破坏植物；宠物交易也对其造成威胁。

图片请翻上页

# 黑猩猩

*(Pan troglodytes)*

**现状:** 濒危。

**种群:** 17 万~ 30 万只。

**体重:** 31 ~ 63 千克。

**栖息地:** 中非和西非的森林。

**寿命:** 45 ~ 50 年。

**食物:** 主要是水果,其次是植物、树皮、昆虫、蜂蜜,有时也会捕食其他猴子。

**有趣的故事:**

- 黑猩猩比人类强壮 6 ~ 7 倍。

- 它们通过拥抱和亲吻进行交流。

- 胳膊长于腿。

- 黑猩猩使用四肢走路,但仅用胳膊进行攀爬。

- 黑猩猩的脸、手指、手掌,以及脚底是没有毛的。

- 当黑猩猩生病了,它们会去寻找药用植物来治疗。

- 黑猩猩会制作工具,然后借助工具来获取食物。

- 黑猩猩会收养同一族群中的孤儿。

- 黑猩猩使用声音、手势和面部表情来进行沟通。

- 黑猩猩通常在树上睡觉,使用树叶和树枝搭建巢。它们每天都会更换巢的位置。

- 在野外,黑猩猩会每 5 ~ 6 年进行一次生殖。黑猩猩幼崽会跟随自己的母亲,最长可达 10 年。

**致危原因:** 盗猎以及栖息地遭到破坏、非法的宠物贸易和疾病,埃博拉病毒的爆发已经杀死了上千只黑猩猩。20 世纪初,世界上生存着 100 万~ 200 万只黑猩猩,但是现在已经不足 30 万只。

图片请翻上页

# 加州神鹫

*(Gymnogyps californianus)*

**现状:** 极危。

**种群:** 野生加州神鹫约 127 只。

**体重:** 8 ~ 14 千克。

**栖息地:**多石的灌丛地貌、结球果的树林,以及橡树、稀树草原。通常在峭壁及高大树木附近见到,这些地点常常被用于观察巢穴。

**寿命:** 可达 60 年。

**食物:** 主要以牛和鹿等大型哺乳动物的尸体为食。偶尔它们会大量进食,以至于在下次进食前需要休息几个小时。

**有趣的故事:**

- 是秃鹫的一种。它们有剃刀状的喙,以及抵御腐败尸体中含有的肉毒素的能力。

- 以滑翔为主要飞翔方式,经常飞过几千米都不需要扇动一次翅膀。

- 北美洲最大的飞翔鸟类,翼展可达 3 米。

- 可借助气流在 4.6 千米的高空滑翔。

- 只在 6 ~ 8 岁阶段繁殖。

- 加州神鹫在许多加州美洲族群中有重要位置,是其传统神话中的重要角色。

- 因为缺少鸣管,它们可以发出呼噜声和嘶嘶声。

**致危原因:** 摄入毒药、非法鸟蛋收集;电线和电站的建立也对它们构成了威胁。

图片请翻上页

# 赛加羚羊

*(Saiga tatarica)*

**现状：** 极危。

**种群：** 大约 5 万只。

**体重：** 雄性 30 ~ 69 千克；雌性 21 ~ 41 千克。

**栖息地：** 俄罗斯及哈萨克斯坦的 3 个地区。

**寿命：** 6 ~ 10 年。

**食物：** 草、香草、灌木、苔藓。

**有趣的故事：**

- 有时会食用其他动物不吃的有毒植物。

- 据说为了躲避天敌，赛加羚羊奔跑时速可达 129 公里。

- 一度被认为已经灭绝，被称为"活化石"。

- 是最古老的哺乳动物之一，曾与猛犸象和剑齿虎在冰河世纪共存。

- 过去 10 年中种群数量减少了 96%。曾有 100 万赛加羚羊遍布草原，现在仅有 5 万只。

- 雄性羚羊的角用于繁殖季节争夺配偶。争斗很惨烈，经常导致失败个体的死亡。

- 孕期约 5 个月，经常生双胞胎。

- 鼻子巨大且呈驼峰状，有助于过滤灰尘，并能在炎热的夏季冷却血液。

- 严冬中，鼻子用于加热吸入的空气。

- 其肉桂色的毛皮在冬季变为白色，并且增厚 70%。

- 雄性羊角呈环状，半透明。

**致危原因：** 无控制的猎杀、干旱及严酷的冬季；传统中药对羊角的大量需求；草场丧失；引起大量死亡的疾病经常发生，虽然原因还未查明，但据说与细菌感染有关。

图片请翻上页

# 非洲野狗

*(Lycaon pictus)*

**现状：** 濒危。

**种群：** 野外尚存的非洲野狗数量据估计在 3000 ~ 5000 只左右。

**体重：** 20 ~ 30 公斤。

**栖息地：** 开阔平原、非洲撒哈拉以南地区，以及非森林区域。

**寿命：** 11 年。

**食物：** 羚羊、大型猎物如野生牛羚、啮齿类动物、鸟类、鸵鸟及斑马等。

**有趣的故事：**

- 非洲野狗视力超群，可以在 50 ~ 100 米之外认出同伴。

- 非洲野狗会以集群方式进行狩猎，一般群体为 6 ~ 20 只，有时甚至更多。

- 社会型动物。它们会与同伴分享食物，即使有些同伴并未参与捕食；非洲野狗同样也会援助弱小或者生病的同伴。

- 它们通过触碰行为以及发声来进行沟通。

- 将近 80% 的非洲野狗捕食时会一击致命；而经常被认为是食物链顶端捕食者的非洲狮一击致命的成功率只有 10% 左右。

- 非洲野狗的学名为"着色的狼"。每只非洲野狗拥有自身不同的标记，使得它们能轻松地辨认出其他个体。

- 非洲野狗会不间断地巡视，群体的分布范围也是极其广阔的。

- 群体会共同协作对幼崽进行保护。雌性和雄性个体会轮流对幼年个体进行看护。

- 家狗拥有 5 只脚趾，而非洲野狗只有 4 只。

- 非洲野狗一胎最多可产 20 只幼崽，但是大部分都不能成功存活，洪水和疾病是主要的原因。一般雄性幼崽的数量是雌性幼崽的 2 倍。

- 非洲野狗是奔跑能手，时速高达 56 千米。

**致危原因：** 当地居民经常会对非洲野狗进行报复性猎杀；它们同时也面临着非洲人口的增加所带来的栖息地面积减少的问题；非洲野狗同样也会被家养牲畜带来的一些传染病影响。

图片请翻上页

# 蓝喉金刚鹦鹉

*(Ara glaucogularis)*

**现状：** 极危。

**种群：** 野外尚存的蓝喉金刚鹦鹉数量据估计在 350 ~ 400 只左右。

**体重：** 770 克。

**栖息地：** 分布于玻利维亚贝尼地区的热带草原，会选择在棕榈树上筑巢。

**寿命：** 最多 60 年。

**食物：** 杂食性动物，大多会采食棕榈树的果实，甚至会饮用未成熟果实的果汁。

**有趣的故事：**

- 蓝喉金刚鹦鹉拥有强健的喙，能够轻易地打开坚果获取果实种子。

- 它们既能攀爬高大的树木，也能在地面直立行走，但是大多时候它们会选择飞行至目的地。

- 蓝喉金刚鹦鹉通过发声来彼此沟通，当发现危险时会通过警告性呼叫通知同伴。

- 蓝喉金刚鹦鹉一年进行一次繁育，一次可产 1 ~ 3 枚卵。

- 蓝喉金刚鹦鹉舌上有鳞状结构，同时舌里侧有一根骨状物，骨状物主要用来敲打果实。

- 蓝喉金刚鹦鹉非常聪慧，属于群居型鸟类，一般 10 ~ 30 只个体组成一个群体。

- 蓝喉金刚鹦鹉为一夫一妻制，一生只有一个配偶。

- 它们飞行的时速最高可达 56 公里。

**致危原因：** 大量的蓝喉金刚鹦鹉被捕捉用于宠物交易。同时，森林生态系统被破坏，也是其种群致危的原因之一。

图片请翻上页

# 无沟双髻鲨

*(Sphyrna mokarran)*

**现状:** 濒危。

**种群:** 未知。

**体重 / 体长:** 体重超过 230 千克，平均体长为 3.5 米。

**栖息地:** 分布于温暖的热带水域，包括大西洋、太平洋及印度洋；通常会在岸边出没，尤其喜欢在珊瑚、海藻林及极地海域附近出现。

**寿命:** 20 ~ 30 年。

**食物:** 最喜欢的食物是黄貂鱼、海鲶、石斑鱼类、螃蟹、鱿鱼及其他鲨鱼类。

**有趣的故事:**

- 无沟双髻鲨通过它们独特的头部形状来改善它们寻找猎物的能力。它们拥有全方位的视野，可以观察 360˚的动态。扩张的电感受器也可以用来侦查猎物。

- 无沟双髻鲨使用它们宽大的头部来袭击黄貂鱼，刺穿黄貂鱼的鱼鳍，将它们锁定在海洋底部。

- 无沟双髻鲨是双髻鲨种中体型最大的亚种。

- 它们一般会在黎明和黄昏两个时间段捕食。

- 夏季为了寻找凉爽的海域，无沟双髻鲨会选择群体性迁移。

- 无沟双髻鲨幼崽一般会在母体子宫内孵化，有时一胎可产多达 40 条幼崽。

**致危原因:** 无沟双髻鲨大多遭到捕杀是由于其价值不菲的鱼鳍可以食用，同时其鱼肝油可以用于维他命制剂，鱼皮可用于皮革制造，鱼肉可被用作食材，以上均是其致危的原因。

图片请翻上页

# 鸮鹦鹉

*(Strigops habroptilas)*

**现状：** 极危。

**种群：** 截至 2012 年，野外尚存 125 只鸮鹦鹉。

**体重：** 成年个体重 0.95 ~ 4 千克。

**栖息地：** 鸮鹦鹉曾栖息于海平面区域，如今大部分的鸮鹦鹉栖息于新西兰的高山地区。

**寿命：** 最多可存活 90 年。

**食物：** 植物的根、叶及果实等。

**有趣的故事：**

- 全球仅存的不会飞的鹦鹉类。

- 鸮鹦鹉的翅膀短小，不同于其他鸟类翅膀用于飞翔，它们的翅膀主要用于保持平衡和支撑身体。鸮鹦鹉翅膀的羽毛较其他鸟类翅膀的羽毛更软，因为它们不需要强有力并坚硬的翅膀来飞行。

- 鸮鹦鹉拥有非常强有力的腿，使得它们更加善于行走以及攀爬，它们可以爬到很高的树上，再将它们的翅膀当作降落伞用于降落。

- 鸮鹦鹉受到惊吓时会待在原地不动。

- 鸮鹦鹉更喜欢在夜间活动，而一整个白天用于休息和睡觉。

- 鸮鹦鹉是非常友善的动物，常被描述成像家养狗一般友善的动物，反而不太像鸟类。

- 鸮鹦鹉是世界上最重的鹦鹉类。

- 鸮鹦鹉在发情以及交配季节会发出隆隆声，而且在长达 2 ~ 4 个月的时间中每晚都能活动最长达 8 小时的时间。

**致危原因：** 大面积的栖息地被人类占用，同时人类还在向其栖息地引入捕食动物，例如猫科动物、啮齿类动物和白鼬( 类似鼬科动物 )等。而在过去鸮鹦鹉的自然天敌只有巨鹰,现在巨鹰已经灭绝了。

图片请翻上页

# 北极熊

*(Ursa maritimus)*

**现状：** 易危。

**种群：** 野外尚存的北极熊数量在 2 万 ~ 2.5 万头。

**体重：** 雄性个体 350 ~ 700 千克；雌性个体 150 ~ 250 千克。

**栖息地：** 仅生活在北极地区；生活在大片冰川聚集的地区，一般集中在气流交汇地区。

**寿命：** 20 ~ 25 年。

**食物：** 环斑海豹以及髯海豹，这两种海豹体内富含脂肪，是北极熊生存的必需品。有时北极熊也会取食海象、鸟蛋、搁浅的鲸类及少量的植物。

**有趣的故事：**

- 北极熊 50% 以上的时间用来捕食，然而它们的捕食成功率只有 2%。

- 北极熊的皮毛比其他熊类都要厚很多，在北极熊的熊掌部分甚至也覆盖着厚厚的毛以用来抵御寒冷天气以及方便它们在冰面上行走。

- 北极熊的前掌巨大且扁平，如同船桨一般，因此它们都是游泳好手。

- 北极熊每年会行走上千公里的路程去寻找食物。

- 北极熊的嗅觉极其灵敏，使得它们可以闻到远在 1.6 千米之外的海豹或者埋在雪下 1 米的食物。

- 除了在交配季节，北极熊一般为独居动物。

- 与棕熊不同的是，雄性北极熊以及不产崽的雌性北极熊在冬天并不进行冬眠。

- 北极熊的皮是黑色的，而其皮毛其实是清亮透明的，并且很少呈现白色。

**致危原因：** 海洋性冰川的融化和气候变化使得北极熊处于易危边缘。

图片请翻上页

# 野生水牛

*(Bubalus arnee)*

**现状：**濒危。

**种群：**据估计野外数量低于 4000 头，同时在过去 30 年间数量减少了 505 头左右。

**体重：**700 ～ 1200 千克。

**栖息地：**生活在印度、尼泊尔、泰国、柬埔寨及不丹。它们喜欢生活在湿润草原、低洼及沼泽生态系统中。

**寿命：**长达 25 年。

**食物：**大多采食牧草、莎草，同时也会取食树皮、果实、灌木以及庄稼，例如水稻、甘蔗等。

**有趣的故事：**

- 野生水牛比家养水牛重很多。

- 雌性和雄性野生水牛均有角。

- 它们更多地依赖于可饮用的健康水源。

- 野生水牛白天会选择在泥浆中打滚度日，有时候会完全浸入泥浆中只留其鼻孔在泥浆之上。这种方式有效地帮助它们降低体温，同时可以很好地消灭皮肤中的寄生虫，也可以降低其受到昆虫叮咬的风险。

- 雄性水牛比雌性水牛大。

- 它们的牛角可以作为铲子使用。

**致危原因：**野生水牛和家养水牛的混种问题；被人类捕食也造成了其种群濒危。由于水力发电系统的开发使得其栖息地的大面积流失与湿地系统的退化，疾病、寄生虫以及和家养牲畜与其争夺食物资源等都是它们的致危原因。

图片请翻上页

# 非洲巨蛙

**(Conraua goliath)**

**现状:** 濒危。

**种群:** 未知。

**体重 / 体长:** 3.25 千克; 体长为 32 厘米。

**栖息地:** 分布于赤道几内亚和喀麦隆, 生活在水流湍急的雨林、河流及底部为砂石的瀑布周围。

**寿命:** 野外可存活长达 15 年。

**食物:** 昆虫、鱼类、甲壳类动物、蟹类、小型蛇类、乌龟幼崽、蜻蜓及蝗虫等。

**有趣的故事:**

- 全球现存最大的蛙类。

- 非洲巨蛙没有声囊, 因此在发情期不通过发声来吸引异性。

- 非洲巨蛙可以跳 3 米远。

- 非洲巨蛙可以捕捉并取食蝙蝠。

**致危原因:** 非洲巨蛙的栖息地大多被用来开发农田以及种植树林了; 水坝的兴建也是其栖息地的一大威胁; 同时非洲巨蛙被广泛认为是美味的, 因此很多人也会捕捉它们作为食物; 也有人会因为其巨硕的体型捕捉它们用作宠物交易。

图片请翻上页

# 东北豹
## *(Panthera pardus orientalis)*

**现状：** 极危。

**种群：** 据估计野外尚存的东北豹数量在 60 只左右，另外大约有 250 只被饲养在动物园。

**体重：** 雄性个体平均体重 32 ~ 48 千克；雌性个体平均体重 25 ~ 42.5 千克。

**栖息地：** 俄罗斯、中国，主要栖息于中俄交界的森林地区。

**寿命：** 10 ~ 15 年。

**食物：** 有蹄类动物，如狍子、马鹿、麝、野猪、野兔及獾等。

**有趣的故事：**

- 全球最濒危的猫科动物之一。

- 东北豹会选择将未吃完的食物掩藏起来以防其他动物取食。

- 东北豹水性很好，游行能力很强。

- 东北豹的奔跑速度高达每小时 60 公里。

- 据报道东北豹可以水平跳跃 5.8 米远，同时垂直方向可以跳跃 3 米高。

- 东北豹拥有修长的四肢，能很好地适应在雪地行走的问题。

- 东北豹舌头上有微小如同倒钩或小锉一般的勾状结构，可以用来刮掉动物骨头上的肉。

**致危原因：** 东北豹多因其毛皮而被人类猎杀；同时森林生态系统的退化与森林火灾等因素导致了其种群数量急剧下降；近亲交配也是其种群致危的原因之一。

图片请翻上页

# 大熊猫

*(Ailuropoda melanoleuca)*

**现状：** 濒危。

**种群：** 野外生存的大熊猫数量约 2000 只。

**体重：** 100 ~ 115 千克。

**栖息地：** 生活在中国西南地区的混交林。

**寿命：** 野生可存活 20 年左右，圈养个体可长达 30 年。

**食物：** 竹子。

**有趣的故事：**

- 大熊猫平均一天需要采食 9 ~ 14 千克的竹子。

- 大熊猫可以采食大约 20 种不同的竹子。

- 大熊猫一天的睡眠时间是 16 小时左右。

- 大熊猫前掌多余的一趾主要用于撕裂竹子，同时它们的内脏被厚厚的黏液包裹着，以防细小的碎石将其割破。

- 大熊猫不会冬眠，但是在天气寒冷时它们会选择躲在洞中或在树洞中取暖。

- 大熊猫出生时是白色的，在长大的过程中长出了黑白相间的纹理。

- 全球所有的圈养大熊猫都来自中国；并且中国拥有对于它们的绝对所有权。

**致危原因：** 栖息地被破坏。

图片请翻上页

# 中南大羚（苏拉）

*(Pseudoryx nghetinhensis)*

**现状：** 极危。

**种群：** 未知。

**体重：** 80 ~ 100 千克。

**栖息地：** 分布在安南山脉的常绿林。

**寿命：** 7 ~ 9 年。

**食物：** 小型多叶植物。

**有趣的故事：**

- 通常被称为"亚洲独角兽"，角的长度可达 50 厘米。

- 雄性和雌性中南大羚都有角。

- 中南大羚属于牛类近亲，但是长相类似于羚羊。

- 最近一次被发现是在 1992 年。

- 中南大羚能通过将角嵌入树枝中并扭动头部的方式轻易地将细枝弄断。

**致危原因：** 用来捕捉野猪的陷阱通常也会误捉到苏拉；它们赖以生存的森林生态系统由于基础建设、农作物种植及农业发展等原因被大面积毁坏。

图片请翻上页

# 象牙喙啄木鸟

*(Campephilis principalis)*

**现状：** 极危，可能已灭绝。

**种群：** 未知。

**体重：** 450 ~ 570 克。

**栖息地：** 分布在硬木沼泽，以及有大量腐朽树木的松林中。

**寿命：** 20 ~ 30 年。

**食物：** 主要是树木上的昆虫，如甲虫幼虫，还有其他昆虫、水果和种子。

**有趣的故事：**

- 象牙喙啄木鸟是世界上最大的啄木鸟之一。

- 它们用喙反复敲击以凿下树皮。

- 它们在树上啄食时会产生双重敲击的噪声。

- 它们的喙是骨制的，并不是象牙。

- 它们的喙曾经是美国原住民所珍视的装饰物品。

- 雄性和雌性相互帮助孵化鸟蛋及照顾幼鸟。

**致危原因：** 盗猎、伐木、采矿、种植与栖息地遭到破坏，这些行为都夺走了许多象牙喙啄木鸟曾经的家园。

图片请翻上页

# 环尾狐猴

*(Lemur catta)*

**现状:** 濒危。

**种群:** 1 万 ~ 10 万只。

**体重:** 2.2 ~ 3.6 千克。

**栖息地:** 可以忍受各种极端环境；多发现于多刺的森林、干燥的灌木丛、石峡谷及落叶林。

**寿命:** 在野外可达 18 年，圈养下可达 30 年。

**食物:** 主要是水果、树叶、花、植物汁液、树皮，也可通过土壤补充营养。

**有趣的故事:**

- 一个环尾狐猴群体有 6 ~ 30 只。

- 它们不能像其他灵长类动物一样用尾巴抓握。

- 它们与其他狐猴不同，它们会花费大量时间在陆地上行走。

- 在交配季节，雄性狐猴设法互相发出恶臭来争夺伴侣。它们将有臭味的分泌物覆盖在长尾巴上，并在空中挥舞，以确定谁更强大。

- 是雌性占主导地位的动物。

- 它们喜欢晒日光浴。

**致危原因:** 主要是由于森林火灾、过度放牧和过度的木材采伐，让它们栖息的干燥森林逐渐消失。此外，还有为获取丛林的猎杀活动及宠物贸易。

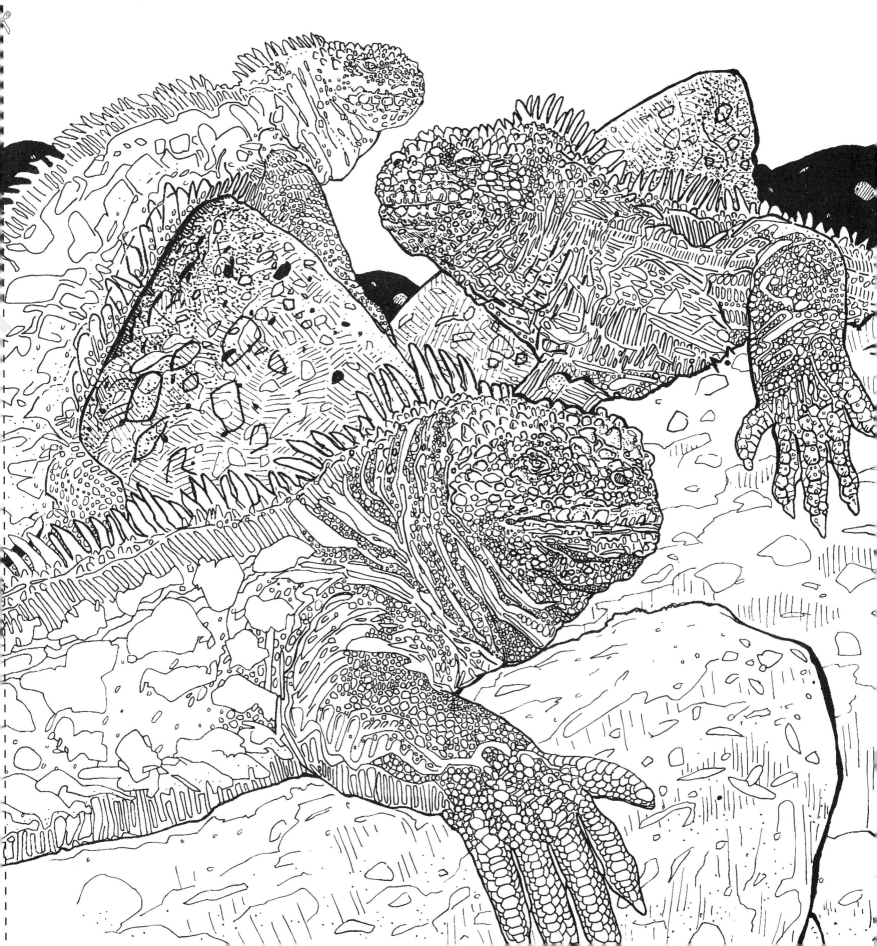

图片请翻上页

# 海鬣蜥

*(Amblyrhynchus cristatus)*

**现状：** 易危至灭绝。

**种群：** 未知。

**体重：** 0.45 ~ 1.6 千克。

**栖息地：** 主要生活在加拉帕戈斯海岸的岩石上，也可见于沼泽和红树林海滩。

**寿命：** 6 年。

**食物：** 水下的藻类和海草。

**有趣的故事：**

- 世界上唯一的海生鬣蜥。

- 海鬣蜥经常打喷嚏，以驱走鼻子旁腺体里的盐。

- 它们用锋利的牙齿刮下岩石上的藻类。

- 它们有扁平的尾巴能让它们像鳄鱼一样在水中移动。

- 它们还有长长的并且锋利的爪子，以便紧贴在海岸或水流中的岩石上。

- 它们有特殊的腺体来帮助清理血液中多余的盐类，这些盐类是它们在进食过程中吸收到的。

- 它们能潜入超过 9 米深的水里。

- 当海鬣蜥饥饿时，它们既会变瘦，也会变短。

**致危原因：** 它们面临来自捕食者的压力，如大鼠、猫和狗，这些捕食者以海鬣蜥的幼体和卵为食。它们没有非常强的免疫系统，人类引入了它们不能抵抗的各种感染疾病。2001 年，加拉帕戈斯群岛的石油泄漏造成了 1.5 万头海鬣蜥的死亡。

图片请翻上页

# 加拉帕戈斯象龟

*(Chelonoidis nigra)*

**现状：** 濒危。

**种群：** 现存约 1.5 万只。

**体重：** 重达 226 千克。

**栖息地：** 分布于草料丰富的潮湿高地。

**寿命：** 约 100 年。

**食物：** 草、叶子、仙人掌、当地水果，还喝大量的水。

**有趣的故事：**

- 它们是世界上最大的龟。

- 记录在案的寿命最长的象龟为 152 岁。

- 它们每天打盹近 16 个小时。

- 它们的新陈代谢十分缓慢，其体内存储了大量的水，这样使它们能够不吃不喝存活长达一整年的时间。

- 象龟显示地位的一种方式是尽可能把脖子伸高。

**致危原因：** 非本地物种，如猫、鼠、山羊、猪和狗的引入，对它们的食物和卵构成了威胁；人类对当地食品和石油的开发是另一个致危因素。

图片请翻上页

# 罗氏长颈鹿

*(Giraffa camelopardalis rothschildi)*

**现状:** 濒危。

**种群:** 少于 800 只。

**体重:** 重达 1134 千克。

**栖息地:** 仅生活在肯尼亚和乌干达的裂谷区域。

**寿命:** 在野外寿命长达 25 年。

**食物:** 只吃植物，最喜欢金合欢树叶。

**有趣的故事:**

- 被认为是长得最高的长颈鹿（最高能长到 6 米）。

- 它们有比其他长颈鹿更独特的颜色，身上的斑纹止于大腿根部。

- 有五个角，其中两个角和其他长颈鹿长在同样的位置，另外一个角在头顶中央，剩下两个角在头顶的后方。

- 有惊人的视力，它们可以从很远的地方看到捕食者。

- 长颈鹿与鹿和霍加狓有亲缘关系。

- 它们有 4 个胃用来消化食物。

- 雄性吃树的上部，雌性吃树的下部。

- 它们的舌头有 45 ~ 50 厘米长。

**致危原因:** 栖息地被农田占用；偷猎在肯尼亚仍然是一个主要问题；捕食者数量激增，如鬣狗、狮子、鳄鱼和豹子；寻求刺激的猎人为狩猎到长颈鹿这样的猎物愿意花费大量金钱使得捕杀长颈鹿的活动愈加猖狂。

图片请翻上页

# 竖冠企鹅

*(Eudyptes sclateri)*

**现状：** 濒危。

**种群：** 估计在 4000 只以下，在过去的三代中减少了 505 只。

**体重：** 0.9 ~ 2.7 千克。

**栖息地：** 生活在新西兰。巢址一般选择在极少甚至没有筑巢材料的岩石区域或者可筑线状巢的区域，以及岩石海岸、峭壁、长草或荒芜的海滩。

**寿命：** 14 ~ 21 年。

**食物：** 磷虾、鱿鱼，偶尔捕食小鱼。

**有趣的故事：**

- 竖冠企鹅头部有亮黄色的直立的羽毛装饰物。

- 它们在海岸边上的岩石坡上交配，在裸露的岩石上产卵。

- 通常产下两枚卵，第一枚要小一些，第二枚卵可达第一枚的两倍，第一枚卵通常会丢失。

- 它们是最大的羽冠企鹅之一。

- 群居鸟类。

- 当企鹅卵被孵化后，雌性企鹅会以回吐食物的方式哺喂小企鹅，雄性企鹅会在没有食物来源的情况下站岗 3 ~ 4 周。

**致危原因：** 在过去的 45 年中该企鹅种群数量经历了显著的下降（约 50%）。它们的繁殖区域很狭小，仅局限于两个地点，这使它们更易受攻击。

图片请翻上页

# 格雷维斑马

*(Equus grevpi)*

**现状：** 濒危。

**种群：** 估测少于 2500 只。

**体重：** 340 ~ 454 千克。

**栖息地：** 分布于肯尼亚北部、埃塞俄比亚的草原及热带草原。

**寿命：** 约 20 年。

**食物：** 草、豆科植物、嫩枝、叶子及其他植被。

**有趣的故事：**

- 世界上共有 3 种斑马，分别是格雷维斑马、平原斑马和山斑马。

- 格雷维斑马可以长达 5 天不喝水。

- 它是以当时的法国总统朱尔斯格雷维的名字命名。

- 它们身上的条纹可以使光线发生偏振，以阻止马蝇的叮咬，这些条纹也可以把捕食者弄糊涂。

- 奔跑的速度可达每小时 64 千米。

- 格雷维斑马是马科动物（包括马、驴和斑马）中体型最大的。

- 出生后，小马驹可以在 6 分钟后站立，45 分钟后即可奔跑。

**致危原因：** 为获取斑马皮，猎杀活动越来越频繁，栖息地逐渐减少，使斑马种群在过去 20 年减少了 50%。在埃塞俄比亚，引种的豆科灌木植物具有入侵性，这种植物取代了两个本地草种，而这两种植物原本是斑马的主要食物来源。

图片请翻上页

# 马来熊

*(Helarctos malayanus)*

**现状：** 易危。

**种群：** 没有确切数字，但在不断减少。

**体重：** 可达 45 千克。

**栖息地：** 东南亚热带雨林。

**寿命：** 14 ～ 30 年。

**食物：** 小型鸟类、昆虫、白蚁、水果、蜥蜴及蜂蜜。

**有趣的故事：**

- 最小的熊之一。

- 也被称作蜜熊。

- 有锋利的长爪子以揭开树皮和蜂窝。

- 马来熊没有冬眠的必要，因为它们生活在热带。

- 马来熊有松弛的皮肤，以便在被咬到的时候扭动身体逃脱。

- 它们有强壮的四肢来攀爬树木。

- 每一个马来熊都有一个与众不同的胸部斑纹，典型的有橙色、黄色或白色，有时是斑点。

**致危原因：** 猎杀它们的肉及器官作为药材；幼熊一般被带走作为宠物；森林火灾及干旱也对马来熊的栖息地产生不利影响。

图片请翻上页

# 印度象

*(Elephas maximus indicus)*

**现状：** 濒危。

**种群：** 2 万头。

**体重：** 2000 ~ 5000 千克。

**栖息地：** 原产自亚洲内陆印度、尼泊尔和泰国。

**寿命：** 55 ~ 70 年。

**食物：** 它们是食草动物，在栖息地能搜寻并享用到 112 种不同的植物，它们吃高茎草、叶子、嫩枝、种子、树皮、嫩芽及坚果。

**有趣的故事：**

- 每天能吃重达 150 千克的植物。

- 雌性印度象极少长牙。

- 印度象已经被驯化了数百年之久。

- 它们遵循一条严格的迁徙路线，这条路线由季风季节所决定。

- 因为体型巨大，它们在自然条件下基本没有捕食者。

- 雌性在 10 岁后即可繁殖，妊娠期有 22 个月，通常只生一头幼象。

**致危原因：** 栖息地因为耕地、公路、铁路、采矿以及工业建筑的增多而逐渐减少，还有偷猎行为逐增的原因。

图片请翻上页

# 马来貘

*(Tapirus indicus)*

**现状：** 濒危。

**种群：** 1500 ~ 2000 头。

**体重：** 可达 318 千克。

**栖息地：** 分布于泰国南部及缅甸南部的雨林及低地山地中。

**寿命：** 可达 30 年。

**食物：** 水果、水生植物、森林地表的叶子、花苞及软的嫩枝。

**有趣的故事：**

- 马来貘是世界上最大的貘。

- 喜欢在夜间活动，有相同的活动路线，雄性用尿进行标记，能为了食物长途跋涉。

- 视力模糊，因此必须依靠敏锐的听觉和嗅觉来传递信息、寻找食物及发现捕食者。

- 通过不同音调的口哨进行交流。

- 它们在水中或地上排便。

- 刚出生的貘宝宝会变得像西瓜一样来伪装自己。

**致危原因：** 栖息地遭到破坏或分割，易被捕猎，受到大范围毁林、非法砍伐树木的影响；同样，棕榈油植物的生长也是它们致危的一个主要因素。

图片请翻上页

# 非洲狮

*(Panthera leo)*

**现状：** 濒危。

**种群：** 自 20 世纪 50 年代早期，已经减少了一半，现在在整个非洲大陆已经不足 2.1 万头。

**体重：** 145 ～ 225 千克。

**栖息地：** 曾经广泛分布于大部分非洲大陆，但是现在只分布于撒哈拉大沙漠及非洲南部和东部的部分区域。

**寿命：** 在野外可生活 10 ～ 15 年，在圈养情况下可以长达 20 年之久。

**食物：** 角马、长颈鹿、斑马、水牛、野猪、兔子、鸟类及一些爬行动物。

**有趣的故事：**

- 一般 15 头非洲狮组成一个狮群，主要由母狮和它们的孩子构成。

- 狮群内部是充满感情的。

- 雌性非洲狮担负大部分的捕猎任务。

- 幼崽在 11 个月大的时候开始捕猎。

- 短距离高速奔跑可高达每小时 81 公里。

- 捕猎时非洲狮可以利用障碍物偷偷潜近猎物至 20 米。

- 在夜晚或猎物独自活动时，隐蔽在长草和浓密的灌丛中的非洲狮更容易成功攻击和捕食到猎物。

- 因为白天太热，非洲狮在白天大部分时间都在睡觉。

**致危原因：** 商业狩猎、疾病、人类干扰、缺乏管理机制、保护地的管理薄弱、栖息地丧失、猎物匮乏，以及人类对非洲狮的报复性猎杀都是致危原因。

图片请翻上页

# 眼镜王蛇

## *(Ophiophagus hannah)*

**现状：** 易危。

**种群：** 日益减少中。

**体重：** 重达 9 千克。

**栖息地：** 分布在竹林灌丛、红树林沼泽、印度热带雨林及平原、中国南方、亚洲南部；通常栖息在树上、平地上和水中。

**寿命：** 在野外可生活 20 年。

**食物：** 其他蛇类（无论是否有毒）、蜥蜴、蛋、鸟类和小型哺乳动物。

**有趣的故事：**

- 毒液通常用来合成药物以治疗关节炎和疼痛。

- 眼镜王蛇长度可达 5.5 米，是世界上最长的毒蛇。

- 眼镜王蛇一次可以释放出 7 毫升的毒液。

- 眼镜王蛇一次攻击释放的毒液可杀掉一头大象。

- 对峙时，它们可以直立起身体长度的三分之一，向前移动并发起攻击。

- 它们低沉的嘶嘶声听起来像狗的咆哮。

- 眼镜王蛇对人怀有戒心，尽可能选择远离人类。

- 眼镜王蛇是世界上唯一一种为产卵建巢穴的蛇类。

- 眼镜王蛇对噪声失聪（比如耍蛇人的长笛声），但它们能感觉地面振动。魔术师通过长笛的形状和运动来控制眼镜蛇，而非音乐。

**致危原因：** 获取其肉、皮和胆汁用来制作传统药物；森林采伐和农业用地的开垦及人类居住区的扩张导致眼镜王蛇栖息地面积缩小。

图片请翻上页

# 巨食蚁兽

*(Myrmecophaga tridactyla)*

**现状：** 易危。

**种群：** 未知，但日益减少中。

**体重：** 16 ~ 68 千克。

**栖息地：** 主要分布在热带森林和草地。

**寿命：** 在野外可生活 14 年。

**食物：** 蚂蚁和白蚁。

**有趣的故事：**

- 也被称作食蚁熊。

- 巨食蚁兽没有牙齿。

- 长长的舌头一天最多可以舔食 3.5 万只蚂蚁或白蚁。

- 拥有锋利的爪子可以掀开一座蚁山。

- 可以最多轻弹舌头每小时 160 次。

- 食蚁兽并不会毁坏蚁巢，它们会再次回来采食。

- 它们视力很差，但是嗅觉非常好。

- 食蚁兽身长可长达 2.1 米。

- 巨食蚁兽的爪子长达 10 厘米，可以用来反击美洲豹或者美洲狮。

- 巨食蚁兽的舌头可以伸出 0.6 米长。

**致危原因：** 栖息地退化、火灾与人类为了获取它的毛皮和肉的盗猎行为。

图片请翻上页

# 亚洲猎豹

*(Acinoyx jubatus venaticus)*

**现状：** 极危。

**种群：** 65 ~ 115 只。

**体重：** 38 ~ 66 千克。

**栖息地：** 分布于伊朗中部沙漠。

**寿命：** 10 ~ 15 年。

**食物：** 大部分由体重小于 40 千克的有蹄类动物组成，也有小一点的动物，比如兔子、鸟类、疣猪、羚羊、印度瞪羚、鸵鸟及野羊等。

**有趣的故事：**

- 伊朗亚洲猎豹与非洲猎豹相比，头更小，腿更短，皮毛更厚，脖子更强有力。

- 它们是平原上奔跑速度最快的陆生动物之一，短距离奔跑最快可达每小时 137 千米。

- 为了避免和其他大型野生捕食者竞争，比如狮子等，亚洲猎豹选择在白天捕猎。

- 亚洲猎豹的爪不能完全收缩至肉掌中，是为了在全力加速时更好地抓地。

- 它们大大的鼻孔确保可以输送大量的空气到肺部。

- 长长的尾巴用来保持平衡。

**致危原因：** 过量的捕杀、栖息地退化、食物数量不断减少，以及交通事故。

图片请翻上页

# 山地大猩猩

*(Gorilla beringei beringei)*

**现状：** 极危。

**种群：** 约 700 只。

**体重：** 136 ~ 180 千克。

**栖息地：** 分布于非洲维龙加山脉的森林中，包括卢旺达、乌干达和刚果的火山地区。

**寿命：** 野外生活可长达 35 年。

**食物：** 水果、树皮、树浆、嫩枝、树根、野芹菜、蓟和蓬子菜等。

**有趣的故事：**

- 比其他大猩猩都要大。

- 山地大猩猩比其他近缘的平地猩猩毛更长，手臂更短。

- 成年雄性山地大猩猩被称作银背，因为雄性性成熟时，背部会长出一束银色的毛。

- 山地大猩猩拥有攀树的本领，但大多数时间都在地上活动。

- 雌性大猩猩妊娠期为 9 个月，产 1 胎。

- 新出生的山地大猩猩非常小，约 1.8 千克，会紧紧贴在母亲的毛皮中。

- 幼崽从 4 个月一直到 2 ~ 3 岁都会骑在母亲的背上。

- 3 ~ 6 岁的年轻大猩猩会花费大量的时间学习爬树、互相嬉戏，以及在树枝上游荡。

**致危原因：** 农民在维龙加火山地区大肆开垦土地，为获取木炭破坏森林，损毁了大猩猩赖以生存的森林栖息地；一些国家的内战阻碍了保护工作的进行；盗猎者为了得到大猩猩的幼崽可能会摧毁整个大猩猩家族；另外，山地大猩猩因基因与人类相似，易感染人类的疾病。此外，还有其他方面的威胁，例如猎人将大猩猩的头和手砍下用于售卖或制作奖杯。

## 译者简介

**时坤** 动物学家 北京林业大学野生动物研究所所长、教授，牛津大学访问学者

于 2009 年创立北京林业大学野生动物研究所，目前领导一支由国际合作伙伴、博士后研究员、访问学者、研究生及留学生组成的国际化学术团队，立足野生动物保护领域前沿，聚焦雪豹、豹等猫科动物及亚洲象等陆生野生动物旗舰物种开展生态学及保护生物学研究。

参加本书翻译和校译的人员（陈鹏举、王君、刘洁、陈颖、潘国梁、肖昶羲），均来自时坤教授的研究团队。

## 鸣　谢

深深地感谢这些年喜欢我和支持我在艺术道路上前行的人，我永远都不会忘记你们的好意。感谢与我相爱了 13 年的妻子，我聪明的孩子（我是他们最喜欢的艺术家）奥丽芙、露西尔、伊迪丝、阿奇、拉蒙纳和菲力克斯，也谢谢我的爸爸乔恩·贝茨，我美丽的妈妈卡洛琳，我的哥哥博伊德（你与白血病病魔做斗争的精神激励着我），和我最好的朋友盖伊、诺拉·B.、南希、肯恩·K.、乔·S.、弗雷德里克·G.、劳埃德，以及康妮·E.、德鲁、吉姆、丽贝卡·H.、凯若琳和亨利·B.。感谢整理本书并出版发行的你们。感谢你们如此地支持我，谢谢！

克雷格·诺顿

## 内 容 提 要

本书收录了全世界 45 个濒危动物的涂绘线稿和简单介绍，用对这些动物的轮廓及细部进行涂色的方式让读者参与进来，并对每种动物做以介绍，让读者在创造出个性化的动物图案的趣味体验中，也从中了解濒危动物的现状和相关知识，从而鼓励读者亲身加入到保护珍稀物种、爱护大自然的实践中。

全书收录的线稿均由原版作者克雷格·诺顿亲手勾画，耗时近 700 小时，作者此举希望引起公众对濒危动物及其恶劣的生存环境的关注，呼吁人们保护动物，停止对动物的虐待。全书由北京林业大学野生动物研究所时坤教授及其团队翻译，他们深厚的学术背景和研究实践让本书介绍的知识更为准确和科学。

本书适合关注野生动物及濒危动物的读者和对涂色艺术感兴趣的广大读者体验阅读。

版权局著作权登记号：图字01-2017-3013

图书在版编目（C I P）数据

濒危动物涂色书 /（美）克雷格·诺顿
(Craig Norton) 图、文；时坤译. -- 北京：中国水利
水电出版社，2017.7
    书名原文：Endangered: Animals to color
    ISBN 978-7-5170-5585-3

Ⅰ. ①濒… Ⅱ. ①克… ②时… Ⅲ. ①濒危动物—普
及读物 Ⅳ. ①Q111.7-49

中国版本图书馆CIP数据核字(2017)第148852号

| | | |
|---|---|---|
| 书 名 | 濒危动物涂色书<br>BINWEI DONGWU TUSE SHU | |
| 作 者 | 克雷格·诺顿 图 / 文　　时坤 译 | |
| 出版发行 | 中国水利水电出版社<br>（北京市海淀区玉渊潭南路 1 号 D 座　100038）<br>网址：www.waterpub.com.cn<br>E-mail: sales@waterpub.com.cn<br>电话：（010）68367658（营销中心） | |
| 经 售 | 北京科水图书销售中心（零售）<br>电话：（010）88383994、63202643、68545874<br>全国各地新华书店和相关出版物销售网点 | |
| 排 版 | 中国水利水电出版社微机排版中心 | |
| 印 刷 | 北京市密东印刷有限公司 | |
| 规 格 | 250mm×250mm　12 开本　8 印张　111 千字 | |
| 版 次 | 2017 年 7 月第 1 版　2017 年 7 月第 1 次印刷 | |
| 印 数 | 0001—5000 册 | |
| 定 价 | 48.00 元 | |

凡购买我社图书，如有缺页、倒页、脱页的，本社营销中心负责调换

**版权所有·侵权必究**